U0714512

中国近代伦理学文献丛刊

李义天 张远航◎主编

第四部分·第四册

CCTP
中央编译出版社
Central Compilation & Translation Press

出版说明

中国近代伦理学文献丛刊共计收录中国近现代伦理学文献三十二种，分作四辑，每辑所收文献按当时出版时序排列。本次整理，皆按底本影印，以存文献版本旧貌。底本原文或有舛错，本次整理未予订正，如伦理学（斯宾挪莎著，伍光建译）第一册第十一题目录作『神或本质原为无限属性所备造而成者而每一个属性则是发表永恒及无限然则神或本质要素者是必然有者』，但正文却为『神或本质原为无限属性所备造而成者而每一个属性则是发表永恒及无限然不神或本质要素者是必然有者』，虽神与不神仅一字之差，但意迥然不同；又如日本元良勇次郎著伦理学第二十四章目录作『纳税兵役之义务』，而正文却为『国家伦理　纳税与兵役之义务』，差异明显。此外，底本皆为繁体中文，本次整理，唯前言、目录及书眉等整理文字，为适宜今人阅读，皆作简体中文。特此说明。

前言

李义天

中国有着悠久的伦理文化传统与伦理思想传统。自先秦、经汉唐、至明清，前人先贤围绕善恶、是非、义利、廉耻等问题展开的讨论及其形成的知识成果，为我们留下了丰厚的文化遗产与思想资源。在这个意义上，作为一门学问的伦理学，在中华学术谱系中始终存在。然而，作为一门学科的伦理学，对于中国学术来说，却是一件近代以来才发生的事情。

学问的确立可以是学者个人的成就，但学科的确立却与学术制度的转型、学术形态的自觉，以及学术背景的更替密切相关。这些方面都必须在近代中国社会的语境中得到理解。具体而言：

其一，作为一门学科的伦理学，奠基于近代教育制度和教育体系的发展。正是在近代教育制度和教育体系（尤其是大学教育体系）的『学科化』进程中，细密的学科划分逐渐形成，清晰的学科意识逐渐确立。由此，学者对知识的探讨，不再意味着单纯的研究，而是建制上的学科建设。对近代中国学人而言，『伦理学』概念的出现以及学科的形成，正是近代中国在文明碰撞之间吸纳、改造近代教育体系及其学术制度的现实产物。

其二，作为一门学科的伦理学，不仅需要具备专门的研究题材与研究方法，更要有针对这些题材与方法的自觉总结和反思。因此，仅仅探讨有关善恶的问题、论证关乎善恶的要求，或许能够形成伦理学学问的主要框架，但不足以构成伦理学学科的完整内容。作为学科的伦理学，还必须在探讨和论证具体命题的基础上，对其背后的理由与方法加以提炼与批判。要做到这一点，则必须梳理、评析已有的观点与路径。在这个意义上，近代中国学人对伦理学方法论和伦理学思想史的研究自觉，乃是这门学科在近代中国初步成型的必要条件。

其三，作为一门学科的伦理学，无论是涉及教育体系与知识门类的『学科化』，还是涉及研究方法与思想历程的『自觉化』，都必须置于中国与世界交往的近代语境中来理解。在『作为学问的伦理学』向『作为学科的伦理学』的转变过程中，近代中国学人对西方伦理史籍的大规模翻译、对当时国外学界新近文献（尤其是思想史著作）的批评性介绍，以及他们立足本土而展开的系统阐释与重构，无疑是最重要的内在动力。这些动力及其带来的转变，恰恰是在近代中国的特定历史背景下，作为一系列近代事件而发生的。

因此，要理解作为一门学科的伦理学在中国的起步与发展，就必须对近代中国伦理学的理论实践加以关注。其中，最为基础的一项工作便是对当时研究和译介的基本文献进行搜集、整理与汇编。可以说，只有做好这项工作，我们才能印证中国伦理学学科所具有的近代性质，才能描述中国传统伦理思想向现代人文学科范式的转变过程，才能理解过去一百五十年间中国伦理学发展的曲折与波动，也才能帮助我们在此基础上推进当代中国伦理学的学术研究与学科建设。作为历史资料，这些近代文献对于直面历史、正视历史并希望能从历史中汲取经验的每一位伦理学人来说，都是无法忽视和规避的。

基于上述考虑，我们从二十世纪上半叶的相关文献材料中，择取了三十余部作品，分作四辑，每辑依其出版年序加以汇编整理。根据题材类型，它们大致被分为四类：

（一）史籍类。主要包括近代中国学人对西方伦理思想若干重要文献的翻译作品。它们可以映射出，当时的中国伦理学人在面向西方伦理思想时所采取的关注视角与选择范围。

（二）史论类。主要包括当时具有一定影响的伦理思想史研究著作。就内容主题而言，其中既有关于西方伦理思想史的研究，也有关于中国伦理思想史的研究；就出版类型而言，既有中国学者的原创研究，也有对同时期外国学者的成果译介。它们可以展示出，当时的中国伦理学人所接受的伦理思想史框架及其主要线索。

（三）著述类。主要包括近代中国学人对伦理学基本问题的思考和阐发。其中不仅含有一些导论性、概论性作品，也涉及一些基于特定立场或针对特定领域的研究专著。它们可以反映出，当时的中国伦理学人对伦理学整体或其分支的基本判断和理解深度。

（四）讲稿类。主要包括当时使用的若干伦理学讲义或教材。同样地，这一部分也是既包括中国学者或教育者的作品，也包括当时翻译过来作为教材或教学资料使用的文本。它们可以体现出，当时的中国伦理学学科教育所涉及的大致范围和程度。

值得特别强调的是，作为近代中国的思想文献，其在内容和表述上不可避免地存在这样或那样的历史局限。如今看来，其中有些说法和论证并不恰当甚或错误。但是，这也恰好体现了伦理学作为一门人文学科所无法摆脱的历史性与经验性，也再次证明了唯物史观关于道德学说在根本上受制于社会发展这一判断的有效性与正确性。因此，基于对历史事实的尊重，我们最大限度地将这些文献循其原貌，汇编成册，影印出版。我们期待，当代学人不仅能够抱着历史的眼光去认真地观察和理解它们，更能抱着历史的眼光去严肃地批判与剖析它们。只有这样，当代中国的伦理学研究才更可能去粗取精、去伪存真，也才更可能自成一体，贯通古今，奔向未来。

壬寅春于清华园

倫理學

教育部審定

現代師範教科書

孫貴定編

倫理學

現代師範教科書 倫理學

目次

現代師範教科書

倫理學

第一章　倫理學的範圍及目的

倫理學原是專門研究人類品行的科學。凡我們一舉一動，在道德上有關係的，統稱謂品行。故倫理學與心理學兩種學問原料的來處雖同是人類的動作；但講到目的及方法，便大不相同。爲什麽呢？心理學只求將我們心靈的現象原原本本，實事求是，記載下來；用科學的方法，考求他的原因。至於他在道德上有什麽價值，都置之不問；因爲講到這個是非善惡的問題，便入倫理學的範圍了。

這個是非善惡的問題，須關於有生命，有意識，與在道德上完全負責任的動物，方能發生。譬如：一張棹子，我們若要批評，只可說他合用或不合用。再譬如一隻狗，雖是高等動物，如果他狂吠咬人，雖也可叫他惡狗，實則只好說他是危險的，不好說他惡。這是因爲狗的狂吠咬人，本是一種刺激，完全不由自主，不容決擇。這樣說來，只有我們人類的行爲，除去瘋人及神經衰弱的，在道德上都應該完全負責任。因此倫理學的範圍，大概不出乎人類的品行。

上文所說人類的品行，並不是像那魯濱生漂流絕島個人單獨的動作：乃是我們生在世上，一舉一動，凡於社會上不論輕重有些影響的。因此英國名儒克利福德Clifford曾說：『道德不過是人類互結社會的條件；若沒有社會，沒有家庭，與世人毫無交往。一個人單獨的行爲，倘加以倫理的判斷，難免近於空談了。』

我們的天良，是一種心理的現象。時常不免受外界的激刺，變幻無窮，沒有一定的。不但每一時代，經過一番變遷；便是同一時代，因社會上階級的分別，也有些不同的地方。例如關於人類生命一事，世界愈進步，看得愈重。不過一百年前，照英國法律，凡偷竊財物，價値在一先令約合我國五角以上，便處死刑。這種刑罰，那時候好幾百年，都以爲很合公道的；但現在看去，我們覺得實在過分了。又如同在二十世紀，西班牙人鬬牛以爲娛樂，英國人罵他爲殘酷，就是那是非之心，沒有一定的確證。因此我們若要辨別是非善惡，必須尋出一個標準，以免個人意見的紛歧。但這種標準，不像數學的公式，不論何人，都可把他做個計算的定例。這是因爲關於倫理的問題，只可講求他普通的原理。如有些行爲，大概是善的；有些行爲，大概是惡的。但到底是善是惡，却是很不一定，更須看他特別情形去。原來世事千變萬化，一事有一事的特別情形。倫理學家自然不能將人類所有一切行爲，不論大小輕重，詳細記載下來，可令人如查字典一般，一查便知道他的是非善惡，也不消說。

倫理學的普通原理，不外乎這種大問題——那一種事，人人應該做的？人類的幸福，究竟應含什麼性質？世上千變萬化，各種自擇的行爲，有何共同的特點，可使我們毫無疑難？辨別他的是非善惡？這幾個問題，倘能圓滿答覆，關於尋出判斷品行的標準，便很有希望。但從希臘時代，直到今日，數千年來，想尋這種真理的哲學家，車載斗量，從沒有一種倫理學說，確經公認爲最後的解決。以致甲的學說，被乙攻擊；乙的學說，被丙批評。看這情形，可見倫理學上，許多根本的問題，確是十分難解決。現在我們固不必過分畏難，但亦須格外小心，切不可自信獨斷。

倫理學一個名詞，照字面解釋，倫指人倫，注重社會一方面。理卽條理，倫理卽指人倫的條理，固不消說；但我國舊時承認君臣，父子，夫婦，昆弟，朋友等五倫，意義太狹，現在應加推廣。因爲倫理學所講的人倫，不必一定是親戚朋友。凡兩個人以上，無論幾千萬人，雖或素不相識，互相交往，所有直接間接影響所及得到的，統在人倫範圍之內。

總結一句：倫理學的目的，是尋出一個是非善惡的標準。倫理學的範圍，大概是人類自擇的品行，關於社會上有些影響的。

第二章　品性與行爲

凡人類從本能上發生的欲望及感情，忽而混合；忽而互起衝突，千頭萬緒，變幻不定。這種現象，純是人類的本性，直接受外界的激刺而發生。故圜境中，不論有什麽變動，欲望與感情，也隨即更變；以致心意混亂，毫無定見。在外面表示的行爲，也一樣混亂，變幻不測。但這種情形，只須感情與志趣，共同有個確定的傾向，便永不發生。因爲到了這個地步，各種心靈上的現象，成一統系。既有秩序，又有條理，對于外界的變遷，有抵抗之能力，故不易搖動。這個統系，便叫做「品性」。故一個人的品性，便是他的主要性質。一經查明，旁人只須設想他的境遇，大概便可預測他的行爲。

品性對于各種本性，平時有統馭的能力；若各種本性互相衝突起來，有選擇與遏止的能力。

講到倫理的判斷，第一個問題，便是那一種行爲，可加判斷的？許多倫理學家說：「

當是一個人的品性，在行爲上表明的。換句話說：便是一個人的行爲，確從品性中發源的。』但這樣說法，極容易混亂。因爲一個人的品性，或善或惡，未必都在行爲上表見。譬如一個欺詐的人，從沒有受過他人的囑託，他這欺詐的品性，因此從未表見。人家當他老實，其實錯了。又譬如一個人表面上十分慈善，心中却是兇惡，人家也看他不破；况且行爲的是非善惡，儘可單獨評論，不必牽涉及品性。譬如一個人救濟窮人，他的原動力；或真是一片婆心；或不過爲自己的名譽起見，全是一片虛榮心。就品性而論，兩種心地，固然大不同；但從行爲一方面看去，無論如何，總是樂善好施，應當稱讚的。究竟如何判斷，方合公理，甚是難說。縱使一個人的慈善行爲，確是完全一片好心，並無他意，若稱他慈善家，也未免太早。因爲一個人的品性，極爲複雜。看了一方面，還有許多方面，應該詳細查考，方可知道他的實在情形。偶然一舉一動；或善或惡，萬不可一定當他是這個人的品性的真相。

因爲這種難處，倫理的判斷，須將品性與行爲兩項，通盤籌算，切不可偏重一方面。猶評判一件衣服，面子夾裏，都要看到。粗說起來，品性猶從外邊看不見的夾裏，行爲猶顯而易見的面子，都不可忽略過去。但近世心理學的趨勢，是注重行爲一方面；因爲一個人的心理究竟沒法直接查考，我們所看得見的，不過他的顏色，他說的話，及所做的事體，總之不過他的行爲。這固是不差，但講到倫理學，切不可將品性，忽略過去。

行爲一個名詞，範圍很大。凡一個人的一舉一動，從外面看得見的，統共包括在內。但能受倫理判斷的行爲，須由本人自擇的，自主的，出於本心的，從未受他人强迫的。這個要點，便是道德上負責任的根本。有時候一個人被境遇困迫，只有一種行爲，可以做得，並沒有什麽選擇。這種行爲，論理固不能算自擇的；但在倫理上判斷起來，不論何種行爲，只須於事前經過一番思慮，便已可算自擇了。講到「思慮」二字，還有些討論。我們對於許多事體，要做便做，並不思慮，與機器一樣；但倫理學家時常判斷這種行爲的是非善惡，與上文所說須要自擇的意思，似乎相反。原來古代希臘哲學家亞理斯多德而 Aristotle 早已想到這個難處，聽他解釋出來，很有道理。他說：『凡不加思慮立刻去做的事體，便是習慣。』原來習慣都是慢慢養成的，不論何種行爲，在最初沒有成習慣的時候，必定經過一番思慮。因此習慣的行爲，也應該受倫理的判斷，作算本人每次自擇的。亞氏這話，固然極有見地；但道德上最有價值的行爲，總先要每次思慮週到，等到本人中心悅服，明白是他最合正道的辦法方可。

有些行爲極是平常，可稱無善無惡。譬如一個學生，課後有暇到一公園去散步，向東走；或向西走，只要走到，儘可隨意。在倫理上似乎沒有什麼關係，但世界上無善，無惡的行爲，實屬極少見。這是因爲不論何種動作，有直接，間接兩種影響：直接的影響，雖或不足介意，而間接的影響，或者很大，我們一時候看不出來；故極小的事，做成極大的禍根，也往往有的。

第三章　行爲的分析

不論何種自擇的行爲，看似簡單，實則極爲複雜。試取一歷史上的故事，分析起來，做個引證：秦始皇焚書坑儒，自以爲得計。豈料不出十年，傳到二世手裏，國破家亡。漢朝一興，便恢復經籍。從前秦始皇的政策，非但一無好結果；數千年來，他反出個殘暴的惡名。這段故事，解剖起來：第一須將表面的事實與心理上的現象，分別清楚；從表面上一方面說來，還有事實與結果的分別。秦始皇曾下焚書坑儒的命令，除去醫藥，農業等書，各處搜出燒燬。咸陽地方，許多書生，活埋地中等，都是事實。這種事實，便是秦始皇自擇的動作，（無論說一句話，寫一個字，皆是動作。）我們從外面看得見的。此外還有這種動作的結果，可分兩種：一種是意料得到的；一種是意料不到的。意料到的結果，便是當秦始皇的時候，各種經籍與通經籍的人，一天少一天。意料不到的結果，便是不過十年，他的命令，被漢高祖撤消；況且歷代以來，反蒙残暴的惡名。從心理方面看去，我們更須分別二大要素：第一是秦始皇的本心；第二是他的計劃。本心便是一個人不論做何事的心念或心地。心地的好壞，便是行爲善惡的原動力。計劃完全是智力上的佈置，更須分別他的目的與方法。除去目的外，更須加入別種意料到的影響。這樣分析起來，秦始皇的本心，當然是專制自大，怕百姓議論他的行爲。這是心理的傾向，完全是一種感情上的作用。講到他的計劃，我們應先注意他的目的，是抑制淸議，保全專制的局面。再看他的方法，便是焚書坑儒，又他大約一定意料到的結果。如一般百姓的怨恨，讀書人的逃性命，藏匿經籍等，也須統算下來，不可遺漏。以上行爲的分析，今可列表如左：

行為
- 一 表面上的事實
  - 一 自擇的動作
  - 二 實在的結果
    - 一 意料得到的
    - 二 意料不到的
- 二 心理上的現象
  - 一 心地或心念
    - 一 顯而易見的
    - 二 潛伏的
  - 二 計劃
    - 一 目的
    - 二 方法
    - 三 除目的外意料到的結果

第四章　意想不到的結果

大概說起來，意想不到的結果完全是智力上的缺點；與本人的品性，沒有關係。譬如一個女人，在路旁看見一個乞丐，給他幾個錢。在女人一方面，原是想救他的性命；不料這個乞丐，得了些錢，便去賭博，輸了不少，弄得反比從前窮困。這種結果，都

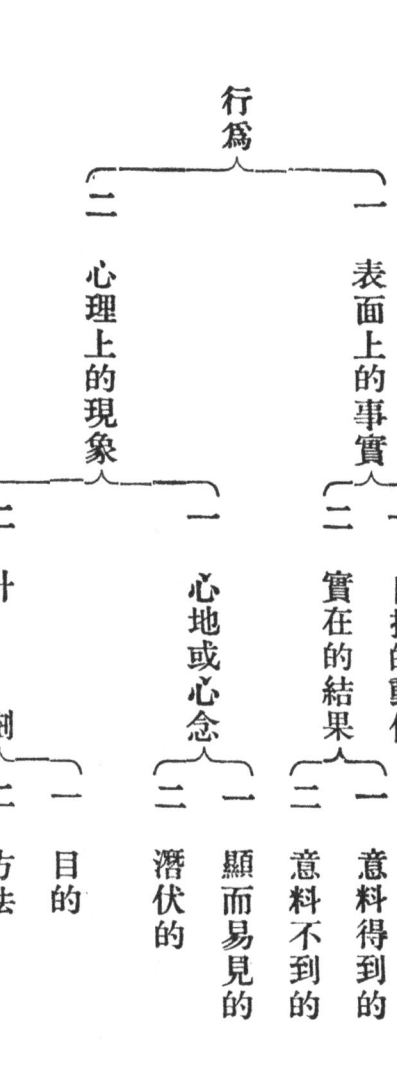

是這女人早先意料不到的。倫理上判斷起來，當然只好說他一片婆心，並沒有反而害人的意思。在論理上看去，也應該這樣；但實際上我們對這女人的態度，究竟難免受這種意料不到的結果的影響。譬如那個乞丐，得了這女人的錢，真去買飯充饑，好好度日，這件事便算盡善盡美，大家都要稱贊這女人的慈善事業。現在既然反而害人，雖不是他的本心，難免怪他沒有見識。但無論如何，智力與道德，須分別清楚。

智力的缺點，可分兩種：一種是因爲本人教育程度低；或者辦事經驗少，以致所發生的結果，都出意料之外，這種是應該寬恕的。還有一種，智力上的缺點，是看本人的才能經驗，某種結果，在事前應該料到；但他全仗一時意氣用事，並未曾用心思慮，因而沒有想到，這種是不能寬恕的。

上節所說第二種智力的缺點，可再分兩種：甲種是本來應該預料到的結果，倘若於事前果然料到，那種結果，便可及早設法迴避或抵抗。乙種是雖然應該預料到的結果，但縱使預料到了，也是沒法迴避的。我們判斷起來，對於乙種，情願寬恕；對於甲種覺得不肯寬恕些。

第五章　本心與計劃

意想不到的結果，論理上說起來，應該超脫倫理判斷的範圍。上章已經說明，但就不論什麼事的結果而論，究竟那幾分是本人意料到的，很是難說。因此倫理學家所最注意的，是在心理一方面，真實從本心出來的計劃。總而言之，倫理上判斷起來，先應查明一個人曾有什麼計劃，並不是他做成功什麼事實。講到這地方，讀者或記得第一章內曾說倫理上應該判斷的行爲，須在社會上有影響的。這樣說去，一個人做成功的事實，似乎比他事前的計劃，在社會上影響大得許多。但現在反注重計劃，而並不注重表面上的事實，好像自相矛盾。其實並沒有這種難處。因爲行爲一個名詞的範圍，須看本人在道德上應該或不應該負責任，做個正當的限止，表面上的事實。凡遇到本人早先沒有計劃到的結果，斷乎不應該使他負責任；也不好說是他的行爲。這樣說來，凡一個人沒有計劃到的事實，在社會上發生的影響，不論大小，不應該做倫理判斷的材料，也不言自明了。

計劃與本心，比較起來，究竟倫理上應該注重那一方面？從古以來，大思想家不能同意。大概本心近乎感情上的作用，是一種普通的傾向。譬如一個中國人，本心愛國，他便有保護中國的傾向，計劃可稱謂本心的特別現象。譬如那個愛國的中國人，看見中國與外國開戰，便想去當兵。這種計劃，便是他愛國傾向的特別現象。這種現象，稱他特別；因爲不論何種本心的傾向，可發生千萬種的計劃。究竟是那一種？是不能預料，須看特別情形去。再譬如這個愛國的中國人，看見本國與外國開戰，或者當兵；或者搜尋敵人的細作；或者設法鼓吹輿論，證明中國的正道；或者幫助政府，去籌軍餉，千頭萬緒，都是特別的現象從這愛國的本心發生出來的。本心與計劃，既有這種關係，從一方面看去本心自然像一棵樹的根，最是重要。其餘的枝葉花果，都是從這根上來，要看得輕些。凡兩種行爲，計劃一樣，而本心不同。我們判斷起來，應該單看兩種本心中，那一種在道德上價値高一些？大概說起來，愛家比愛己高一些；愛國比愛家高一些；愛世界比愛國更高一些。各種本心，往往互相衝突，那個時候道德高的選擇高一些的，道德缺乏的選擇低一些的。譬如當兵一事，愛國的本心和愛己，愛家的本心，衝突起來，道德高的人，寧可爲國犧牲自己的生命財產室家。

但更從他方面看去，本心原是一種普通的傾向，上文已經說明。若一種傾向，並不發生什麼計劃，究竟似乎空虛，實際上無善無惡；須等到他發生具體的計劃出來，才好切實判斷，那本心的善惡。這樣看來，計劃是判斷本心唯一的基礎。本心的善惡，須看他發生何種計劃，才能定奪。况且凡一個人有一種計劃，他意料到的種種結果中，我們還要問那一種結果，確是與他本心直接有關係的？那一種結果，是他計劃中的主要目的？例如一個人因有愛金錢的本心，有想去做生意發財的計劃。發了財他預算要造一所華麗的房子，做自己的住宅；又要創辦一所義務小學校，專收貧人子弟。這個人的心念，不外乎發財；他的計劃，不外乎做生意。但發了財他的主要目的，究竟是爲他自己的享用，還是爲窮人設施教育？却是一個重要問題。這樣說起來，計劃亦極應注重的。

我們現在用「意主」一個名詞，包括本心與計劃兩大要素。凡倫理上判斷起來，不單是本心，也不單是計劃，却是兩方面合併而成的意志。

第六章　責任的概念

從表面上看去盡責任便是服從法律；或定章。但從心理一方面看去，是一個人的自治能力，發達起來，把不合理的刺戟，自願受理性的節制；凡他應盡的責任，沒有不盡。這樣屢次做去，便養成一種習慣。有這種習慣的，便是善人。一個善人，盡他的責任，覺得習慣自然，毫不費力。責任與本心的傾向，好像沒有分別。其實總有些相反的地方，無論如何，不能免的。這是因爲道德一端，本來沒有止境。一個善人的特點，便是天天有自新的能力。凡舊的理想，常常變換；新的理想，常常採用，這方算道德上有進步。因此責任與本心的傾向，從一方面看去，不過是程度上相差；但從他方面看去，竟是種類不同。

無論盡責任是服從法律；或是實踐理想的模範。這個觀念的根原，或在個人自願盡責任。以謀社會的幸福；或在社會爲公益起見，用強迫手段，不許個人放棄責任。總而言之：須與個人爲一己的利益而情願去做的分別淸楚。這種責任的觀念，第一步是受外界的逼壓而來，如風俗法律公論等，皆有這種作用。凡服從的受賞，不服從的受罰，社會對待個人，是利用他的恐怖之心著手。

在文明國裏，這種觀念，在教育上十分注意。社會上要求個人實行那幾種德行，養成那一種人格，都從小時候訓練起來。從心理一方面看去，若希望訓練有效，個人須具三大要點：一、承認尊長的威權，覺得自己確有短處。二、模仿的傾向。若不肯或不能模仿他人，便永無學習之希望。三、同情及博愛心。道德上的進步，便是外界的管束逐漸減輕，自敬自制的能力逐漸加重，直到盡責任的原動力。並不是爲社會的賞罰，只爲個人自己的天良。早初盡責任，覺得是必須的，後來漸漸變成應該的，把强迫的性質，變換去了。表面上雖似一樣，心理上實則大不同。

責任心，可分二大類：第一類是本能的，具有生物上的作用。在消極一方面，如人吃人肉，如血屬通姦等，世界愈文明，大多數人愈覺應該互相痛誡，有不敢輕犯之責任。在積極一方面，如保護老弱，養活妻孥等，大多數人也認爲應盡的責任。第二類是經驗之後學成的。這種責任的來源，大抵是法律及風俗。因爲隨時隨地變遷，種族的經驗，無法指導，須個人自去經練，逐漸學習起來。如在實行徵兵制度的時候，凡少壯男子，覺得有當兵的責任，這是法律的效力。如在實行家族制度之國內，一個人娶了親，覺得有繼續與父母同住的責任，這是風俗的效力。

法律與風俗，如果真實表示民意，都是社會受過許多經驗，自謀生存的方法。凡有背違法律，或不顧風俗，任意舉動之事，社會或正式加以刑罰；或公論詆斥，決不姑容，固亦是天然的。但倫理上說去，服從法律與遵守風俗，皆不是絕對的責任，須看特別情形去。在共和國內，立法機關，由國民公舉而成立。所定法律可卽算是本人自己主張的；或本人雖從未干預立法之事。但已經承認某項法律，爲維持社會的秩序必不可少的。服從這種法律，便是服從自己的意志。這種服從，便是公民的責任。但譬如一個人本沒有選舉權，人家已定的法律，又不承認爲合理；只因怕懼責罰，不敢不服從。這種行爲，非但道德上毫無價値；且亦不必勉强。但講到勉强服從，又發生一個少數服從多數的問題。若一個社會中，大多數人，都承認某項法律，爲謀公衆的幸福所必不可少的，個人無論如何反對；或不明白他的好處，也有服從他的責任。但這種責任，全是外界的壓力，究竟與本人自己承認的責任不同。至於風俗，本可分爲兩種：一種不過是外面的習慣。如服式禮貌等，個人因爲不喜過分觸目；或不肯自己多費心思，隨隨便便，學現成的榜樣。一種是不成文的法律，牽涉及社會上大衆的感情，關係極深，雖也能更變，總是極慢的。如在中國上流社會，寡婦不去再醮等情形便是。若服式禮貌的，個人獨行踽踽，不依大衆，除非實在過分，至多只好說他性情古怪，不成爲倫理上的大問題；惟不成文的法律，自當別論。因爲從一方面看去，不成文的法律，比成文的法律，還重要些。成文的法律，不妨參酌情形，隨時更變。如國會立法，便是這樣。但不成文的法律，都是社會上歷許多年代，受過許多經驗的結果，與通行的制度，皆有特別關係。在文化未開的時代，所有法律，皆是風俗習慣。至今野蠻人種仍是迷信舊風俗，有絕對的威權，謹愼遵守，絲毫不敢變動。原來他智識缺乏，只好如此。惟在文明國裏，對於這種不成文的法律，我們是否有服從的責任？極是一個難題。如果有的，則個人創作的能力，都受外界束縛，無以表見，社會上如何可有進步？如果沒有的，則社會容易搖動，如何可建鞏固之基？大概言之：凡一社會，教育愈普及，程度愈高，個人創作的能力也愈發達。若能如此，對於舊風俗舊習慣，若個人確有改良社會的志氣才識，斷無永遠遵守不變的責任。

第七章　責任與德行

責任與德行的主要分別，須先解釋，責任可以確切說明。所有條件，可以詳細開明，使負責的人，有完全做得到的希望。德行是理想上的道德，到底要到那地步，才算圓滿，不能確切說明。果含什麽性質，至多只好取幾件故事，做個引證。譬如講到愛國，本是一美德，但究竟如何，方算盡善盡美，無人能說。且愛國之道，無窮無盡，究竟那一種行爲，最爲適當，也無人能說。我們只可引證些故事，如岳武穆精忠報國一段歷史，使人知道他的大意而止。但德行雖是理想上的道德，一般世人千萬不必因此失望。因爲理想是最高的目的，雖永不能達到，卻也有距離這目的遠近的分別。尚德的人愈加立志自勉，去這目的自然愈近，有了這個結果，也可以自慰。

責任可稱謂德行的初步，如忠，孝，仁，勇等，都是美德。社會的心理，公認一個最低的程度，不論何人，皆須躬行實踐。若不到這個程度，便是放棄責任；若剛到這個程度，便是盡責；若超越這個程度，便是德行。故責任之地位，恰在有德與失德的中間，這便是英國倫理學家薛知微（Sidgwick）的學說。但德儒康德(Kant)曾說：『責任已是最高的德行，無論如何，盡了責任，道德上更無進步之餘地。』這兩種意見，其實並不互相反對。因爲康德所講的責任，意義不同。他說達到最高的德行，是不論何人的責任；因此盡了責任，道德已達極端。

古希臘人認定四大德：一、公平，二、勇，三、節慾，四、智。至於仁愛，也算公平，並不另設名目。但仁愛也是一主要德行；況且與公平雖有關係，而性質不同，不可不加入。故現在我們承認五種主要德行。仁愛的意義極廣，大概言之：凡設法專謀他人的幸福，統稱謂仁愛。如孝悌等，都是仁愛的特別現象，上文曾說過。德行與責任不同的地方，今將仁愛做個引證，最容易明白。因爲仁愛之道，無窮無盡，或教人讀書或勸人戒酒；或助人尋覓位置或經營各種有裨公益的事業。如公立圖書館等，不勝枚舉，無從分類。（惟無論如何，謀他人道德上的進步，應算最上等。只求他人享受無謂之娛樂，爲最下等。）至於責任，皆是定例，雖也可更變，總帶些守舊不變的性質。仁愛最容易更變，全看特別情形，再定方針。責任既是定律，所有特別情形，一切不管。

因此責任與仁愛，有互相補助不足的作用。責任可指示方向，爲仁愛做個引導；仁愛可矯正責任的嚴厲，將外界的壓力變爲本人自己的心願。但有時候責任與仁愛，也能衝突起來譬如一個人偷了錢，去救濟窮人便是。

就心理上說去，仁愛的根原，在於同情。同情的天然現象，爲拯救苦難，爲他人謀幸福。這種本心又經社會上毀譽的激刺，益加堅忍依天然次序發展起來。好像把一塊石子，投入水中，水面上的圓圈，一個大似一個，仁愛的範圍，也是這樣逐漸擴張。早先只及個人，後來推廣到團體，最後便是忠心提倡一個主義；或一種政策。如强迫教育，禁煙，歸還旅順大連等，爲全國同胞造福，比較幾個團體的範圍，自然更大；但刻下我們最所希望的，便是實行世界大同！愛國固是美德，不過愛本國之外，對於全世界人民，不論言語種族宗教的分別，皆應一視同仁，不分畛域。如此則世界平和，永無戰爭之禍了。

公平一個名詞，有許多意義，很不容易解釋。大概言之：便是一絲一介，不與他人，也不取之於他人。不論何物，分派起來，照每人份內幾何，絲毫不增不減。

勇，並非指氣力大，也不是因爲不知危險；或自負才能；或素抱樂觀，一無畏懼的意思。古希臘人用這名詞，是專指不怕危難，百折不回的堅忍心，以求達到理想上最高的目的；或盡責任；或實行仁愛之道，立志進行，都算是勇；或曰堅忍心。並不是善人所獨有的。往往極惡的人，也能百折不回，堅持到底。既是如此，我們若要辨別是非善惡，須看一個人有什麽目的。如果他的目的，確是爲維持公道，才可算勇。照此說來，公平與仁愛，都與勇敢互相有關係。

節慾與勇敢，可混稱謂毅力。因爲節慾是見可欲而發生的堅忍心；勇敢是臨患難而發生的堅忍心。就物體上說來，恰巧相反。但在心理一方面，同是一種自治的能力，同是把眼前的利害，無論如何深切，置之度外，以求達到最初的目的。

以上所述的德行，屬於品性；但智力全在智識一方面，是倫理上判斷的能力。凡人遇到一種情形，須有見識，有主意，便能明白用何法對付。否則，死守舊法，不知變通，必至誤事。

關於責任與德行，倫理學史上有兩大學說：一是康德的，上文已略說及。一是亞利斯多德的。康德說：『德行便是盡責任，盡責任便是遏止欲望的能力。不論何種行爲在道德上的價值，須看責任心的輕重而定。』亞氏說：『德行是一種習慣，實行起來應該覺得自然，毫不費力。倘若本人自己心中，因被欲望牽制，猶預不決。這種行爲，縱使表面上似乎合理，在道德上便沒有價值。』這兩人的學說，有些人以爲是互相反對，實則全出誤會。因爲康德所指的，是普通一般德行；亞氏所指的，是不論何種特別的德行。大概說起來，普通一般德行，須日日有進步。否則，停滯不動，反致退步。進步的唯一方法，爲以責任心遏止欲望；故一個人德行愈高，日圖自新，也愈加勤勉。但講到不論何種特別的德行，當然須養成那種習慣，毫不費力。如水性之下流，極覺自然，在道德上方有價值。今就信實說去，信實本是美德，但譬如甲乙二人，甲心裏極想說謊，不過自知不合正道，勉强說了真話。乙則從沒有說謊的念頭，不論何事，誠實待人。這兩個人表面上同是信實，實則心理上大不同，道德上乙高出於甲千萬倍。

康德與亞氏二人的學說，根本不同的地方，便是客觀與主觀的分別。譬如上節引證的甲乙二人，甲戰勝了欺詐的本心，力求誠實，比起乙來，道德雖低，確較有功，應該稱賞。至於乙本沒有騙人的意思，在於他，信實不過是一種習慣；若單講信實，比起甲來，確是有德的，但不好算有甚麼功績。

若要分別德行與責任，更有兩個妙訣：德行是注重在本人的品性，責任則注重客觀的品行一方面。有德的事，是因爲做了，受社會的稱譽，責任是因爲不盡了，受社會的唾罵。

第八章　正道與德行及責任

正道，責任，德行三項，與幸福都有因果的關係。幸福是人類理想上最後之目的，正道，責任，德行等，便是達到這個目的的方法。這三項方法，比較起來，從一方面看去，雖不是一定有種類的差別，但確有程度上的差別，故不能劃淸什麼界限。大概言之：正道是適當的行爲，但不一定是應盡的職分。責任不但合正道，且是一個人分內應做的。德行是難能可貴的，純屬聖賢人的行爲，在道德上確是最有價值。

正道與德行，兩相比較，有二大異點：(一)正道注重道德的形式，德行注重道德的精神。故大概說起來，正道是單就表面上的事實着想；但德行須直接從本人品性中發源。至於外面看得見的動作，不過是德行的特別現象。(二)正道與責任一般，可稱謂德行的初步。正道不過求其合式，不悖理性，但德行須比尋常合正道的行爲，更進幾步。例如一個人在路上遇見一小孩失足落水，便去報告警察，可使他設法救援。這固然是合正道的行爲，但不能算有德。但譬若這個人，一見那種情形，立刻自己跳入水中，把自己的性命置之度外，一心一意只想救那小孩出險。這種行爲，仁勇兼備，當然可算有德的，確是比合正道的行爲更高幾級了。

正道與責任心比較起來，合正道的行爲，皆足增進一最高量的幸福。盡責任的行爲，確能增進唯一最高量的幸福。不論何種動作，若是我們應盡的責任，便是合正道的行爲。但所有合正道的動作，並非都是我們的責任，須看特別情形而定。譬如一位數學教員去授課，使他的學生，都領會數學的原理，這固是合正道的行爲。但教數學不是他學生的責任，也不是我們旁人的責任。但講到這個問題的消極一方面，便不是這樣。凡不合正道的行爲，都是我們不應該做的，我們不應該做的，都是不合正道的行爲。不論何種行爲，大多數非是即非，非善即惡，無善無惡的行爲，極占少數。有些倫理學家說，竟是完全沒有的。但所有善事，並非都是我們應盡的責任，已經說明。現在要注意的，還有許多行爲，關於我們個人，既不一定應該做，也不一定不應該做，所謂無可無不可的。

有時候有幾種行爲，任我們選擇，都合正道的，究竟選擇那一種，可稱無足輕重，但有一要點，應該注意！倘遇到可以任意選擇的地位，並不是一定有一種行爲，恰合正道的。非但如此，往往我們可以自由選擇的各種舉動中，沒有一種，是合正道的。無論如何縱使有一種行爲，是合正道的，往往沒有一種，是我們應盡的責任。因此若我們用客觀的眼光去判斷一個人的行爲，遇到一事，究竟什麽是他應盡的責任？或者照他的情形，竟沒有責任可盡，甚是難說。

定律可分爲三種：一是科學的，一是法律的，一是倫理的。其中只有科學的，（假使人類的智識完善達到極點，關於天然界的眞理，一無錯誤。）無論古今中外，有絕對的效力。如水性下流，自有水以來，總是如此，永遠不變，從沒有例外的。法律的定例，本是人爲的，因時制宜，隨處不同，大家都慣見道個情形。至於倫理上的定律，有些人如宗教家等，常迷信爲永遠不變，有絕對的威權，與科學的定律平等看待，這是大錯了。原來有幾種行爲，如姦淫，竊盜等，世界各國，同聲一致，公認爲大惡，從沒有反加稱贊的，固是不差。但倫理上的定律，具有特殊的性質，斷不如天然界的現象，萬世不變的。本書第一章內，曾引證英儒克利福德的名言，「道德乃人類互結社會的條件。」既然如此，世界上自有人類以來，逐漸進化。社會的形式及組織方法，不知經過幾許變遷，才到今日；即目下的社會，也在進化的潮流中，將來如何，正難預料。就已往之事實說去，社會進化大概可分三期：第一期是游牧時代，第二期是農業時代。第三期是工商業時代。（這三時代本來沒有劃定的界限，也並不是說在農業時代中，工商業一點都沒有；不過指其重心在那方面而已。）社會的變遷，既然這樣大人類互結社會的條件，豈有停滯不變之理麼？這也不待問了。總結一句：若欲知何種行爲是合正道的，何種行爲是不合正道的，須看特別情形去，沒有一定的法規。

還有一要點，不可忽略過去！合正道的行爲，與合實用的行爲不同。因此目的雖極正當，若所用方法不合正道，在倫理上仍是悖道，決不可爲。例如一個人，素愛讀書，因爲自己沒有書，便向人家去偷幾本。照此說來，他求智識的目的，本極正當，但若因此偷竊他人的物件，總是不合正道。

第九章　欲望

與責任有一種對偶的關係，便是欲望。關於欲望的主樂說，分古今兩派：古代主樂家如亞列斯的保（Aristippus）伊壁鳩魯（Epicurus）等，皆說人類欲望之目的，是本人自己最後的快樂。凡人所憎惡之目的，不外乎本人自己最後的痛苦。有時候一個人想望快樂，反受意外的痛苦，這是智識缺乏的緣故因爲快樂既是人人想望的，既是不論何種行爲最後的唯一目的；若說除此之外還有他物爲人類所應該欲望的，則全屬妄誕。總之希臘主樂家，看得人性只愛快樂，如天經地義，毫無遺疑。

這種主樂說，後來又經修正，在倫理史上，通稱謂「原始的利己主義。」大概謂求快樂與避痛苦並不是人類最後的欲望。往往有許多東西，我們十分想望的，若想望到了果於自己有何利益，從不計及。例如我們有一位朋友，熱心待他，專爲他謀幸福，並不想到我們自己的快樂，往往也有的。但這種行爲不過是一種習慣。因爲最初的時候，我們只想求自己的快樂；只想避自己的痛苦，後來受了些經驗，便漸漸養成一種習慣。凡發生快樂的東西，自然設法去尋覓；凡發生痛苦的東西；自然去設法迴避。直等到這種行爲，具有機械的性質，早先的方法，現在變成直接的目的。早先我們優待我們的朋友，全是爲我們自己的快樂着想，後來只求朋友的快樂，並不想到我們自己的利害。這樣看來，道德一物，全是一種「開明的利己主義」。古代的快樂說，既全是主我的，所謂正道，卽是個人所享受最高度的快樂。因此是非善惡的觀念全屬主觀的這種意見，究竟眞實與否，姑且不論；但總是像看破世情的人說老嘆。

近代的快樂說，又稱「實利主義」下文更當詳論。現在我們研究欲望，只要明白這個主義，把道德的範圍大加擴張。凡是非善惡，並不全視個人的苦樂爲標準，一切行爲影響所及的人，不論遠近親疏，將他的苦樂統計下來，若能發生最高度的快樂，便是最合正道的行爲。

亞理斯多德及康德二人關於欲望的理論，第七章內已經討論過。康德的倫理學說，下文更當細述，目下且緩。

欲望並不一定是惡的，這個意思一經說出似乎不言自明。而豈知世人一般心理，往往看得欲望，必爲道德的障礙。卽古代哲學家如斯多噶學派（Stoics）之人歐洲中古時代之宗教家，及英國十七世紀之淸教徒。都抱這種偏見。現在我們應該竭力矯正從前的謬說，明白欲望有高下的分別，不可一筆抹殺。况且關於口腹等各種本能的欲望，都在生物學上極有價值，只要不失節度，斷沒有不合道德之理。

第十章　德行與智識

希臘哲學家蘇格拉底（Socrates）氏曾說：「德行卽是智識。」他所謂智識，須與個人的意見分別淸楚。智識是客觀的眞理，確切不變；意見近乎個人的幻想，隨處隨時不同。有時候同一個人，今日抱某種意見，明日非但不贊成，且或大加反對。蘇氏的學說，假定二大要點：（一）凡人不論處何地位，如有兩種對付之法，可以自由決擇，從沒有甘心去善就惡的。（二）所謂人類的幸福，只要合實用，除此以外，更沒有不合實用的幸福，爲理想上最後的目的。從這兩端着想，蘇氏說大概看起來，凡一物通常無論如何合用，有時候反而害人也未可知如一般世人，爭名奪利，求壽求福，從未想到因福得禍，也是往往不免的。非但如此，於一個人大有益處的東西，他人得之，或者反而受害，正是世事茫茫，極難測料。但世上雖有這種混雜的情形，還有一物，確有絕對的價值，有了他可以萬願俱足，這便是智慧。智慧卽是辨別善惡之智識。凡有這種智識的人，一定去惡就善。故所謂德行，不外乎應用智慧的各方面觀，所有的一切過惡，都是愚昧的結果。因此蘇氏以爲智慧與節慾，沒有什麽大分別。雖一是趨善；一是避惡，而在根本上，同是應用智識的作用。如遵守公道等美德，既爲世人所十分敬重，自然沒有人不喜躬行實踐的。但假使有人並不知道有這種美德，自然沒法改過自新，也不必說了。蘇氏甚至以爲勇敢，也是一種智識。因爲有勇氣的人，不論處何地位，總是有法對付，查考他所以有法對付，不過智識充足罷了。譬若慣用長鎗的兵士，臨陣有萬夫不當之勇，一旦或換用了他們素不諳熟的弓箭，他們自然心怯，不能如從前的英武了。又據蘇氏說：『最大的罪惡，既爲道德上的罪惡，趨善避惡便是最大的勇氣。』

智識與德行，既有這樣密切的關係，無怪乎蘇氏主張最重要的智識，便是自知之明。因爲有了自知之明，我們可知道自己的短處，然後設法改過自新。正所謂「知過弗憚改。」否則，一個人能做極大的惡事，非但不認錯，且反以爲極合正道。這種情形，在歷史上亦常見。如歐洲當教皇專主時代，各國的君主中，很有殘殺異教的教徒，慘無人道；而反自以爲大有功於世道人心。這樣看來，各種智識中，自知之明，既爲德行最重要的根本，只好全仗吾人自己明白，斷不可請人教授。故講到德育一端，並不是勸誡或賞罰所能見效的。無論如何，凡人須反躬自省，知道自己的過失才有進步。要下這番功夫，教師當然不能代替，至多不過略爲指導罷了。

凡人欲依正道作事，必須先明白如何方合正道。凡人要改過，須先知道有什麽過失？故智識與德行，確有極密切的關係。但有一疑問，蘇氏未曾解釋的，即爲知行究竟是否合一？從來惡人也有並不缺乏智識的，其中大多數也知道自己的罪惡，恐比旁人還明白些，爲何仍不改過自新呢？這樣說來，趨善避惡，若單靠智識一項，斷不中用。就心理上看去，凡人類一舉一動，各有一種特别的原動力。原動力的根原，在於本能的傾向。但現在心理學家分析人類的本能，只有好勝好譽的心，並没有在道德上一定好善惡惡的傾向。因此智識一項，若没有原動力，始終不能知行合一。蘇氏所説從没有人甘心去善就惡，與實際上未免相去太遠咧！

第十一章　道德上負責的範圍

人類的行爲，極是複雜。倫理學的範圍，既如第一章所説，不外乎人類自擇的動作。現在單就自擇的動作，分析起來，也並不簡單，至少有六大要素。這六大要素，互相影響，互相更改，內中複雜情形，真是不可思議。所有純粹的結果，便是我們自擇的行爲在表面上看得見的：——（一）生物上的遺傳性，這便是人類的各種本能。如打獵，好勝，合羣，貪慾，好奇，自大，自卑等傾向，爲各種行爲的原動力。綦地球上自有生物以來，這種本能，不知經過幾千萬年，天演淘汰，及到今日，故人類的本性也經過許多變遷。現在所生存的，是於生命最爲適宜，必不可少的。（二）社會上的遺傳心理，如一個社會的道德，文化，風俗，習慣等，凡人從小到老，必爲家庭學校以及其他各種團體之一份子，從沒有獨居深山與世絕無往來的。（卽使有這種人，也是極少數的，可不必計及）凡在這種團體內，世代相傳的感情或理想，從小已深印于腦筋中。及年紀稍大，已成習慣，牢不可破。縱使立志改革，無意識中，仍能影響各種自擇的行爲。又心理上的各種本能，也因受社會的壓力，逐漸經過許多的變遷。（三）生理上的狀況，我們所有感情，意識，以及種種心理上的現象，與腦子究有什麼關係，目下還沒有查明。但無論如何，心靈的康健，幾乎全賴腦子的康健，却已有許多事實，確切證明，更不容疑惑。凡一個腦力健全的人，對于種種雜念，雜感，有統馭的能力，故不受他的累。但有時候體力過衰，或神經過勞，以致血運失調，這種妄念，雜感，便時起時落，如大海中之波浪。他本人自己雖或明知妄念之不可想，也無法遏止；於是隨波逐浪，不知不覺，做出壞事來。這種景象，不一定是發痴，平常人往往也有的。最可憐的，是患癲癇的人，這種人平常沒有什麼，一到病發作的時候，所做的事，過後便忘；或不完全忘記，至多約略記得些。若這種人做了壞事，去責罰他，也終歸無用。還有一種人，犯罪的傾向，確經醫生查明，係由血統中遺傳來的。如世界著名的美國朱克斯（Jukes）全族五百四十人，幾乎沒有一個，不曾犯過罪的。（四）又如現在英國童犯改過所之罪犯，至少一半，是曾坐過監牢的父母所生的。（四）理性。理性是人類所獨有的，比本能高出千萬倍。因爲理性能預料各種行爲的結果，便好另想對付的方法，有時候固也能料錯，但這是因爲個人理性薄弱；或外界有意外的變遷。理性一個名詞，普通用爲道德的代名詞，但現在單作爲心理上本人自擇的能力。至于所擇的行爲，在道德上有什麼價值，還須照倫理的標準度量起來。(五)個人的經驗。上所說生物的遺傳性及社會的遺傳心理，都是種族的經驗，個人的經驗。將這種族的經驗，更改一些，無論如何，有許多動作雖是從本能上發源的，也必須個人經練後才能學起來。如飢餓吃飯，吃固是本能，但喜歡吃何物，吃時用筷或用刀叉，都須由本人經歷過後，才能定局。(六)境遇。境遇便是外界的各種現象，有兩種作用：一、惹起本能上的反動力。如在深夜中一個人從夢中驚醒，忽然聽見一極大的響聲；有如一飛機從半空中擲下炸彈，心中亂跳，立刻想逃避。以上外界的種種情形，統稱謂境遇。二、我們處一種地位，早先想出一種對付的方法；但因爲外界的情形所掣肘，無可如何，只得幡然變計，如投鼠忌器。本要捉鼠，但因爲忌器，只得另想法子便是。總之：境遇管束我們自擇的行爲，有極大的能力，我們往往低聲下氣，做他的奴隸。

以上六大要素，在倫理上說起來，最重要的却是理性。因爲沒有理性，便不能自由選擇那一種行爲，關于沒有自擇的行爲，本人當然不負責任，全在倫理判斷的範圍的外邊。況且不論何種行爲，在倫理上只管本人早初意料到的結果，意料又全仗理性，故理性在倫理上，占有特殊的位置。

現在單講意料到的結果，爲本人所想望的。我們若判斷起來，更須明白無意識界，有極大之影響。表面上雖看不出，暗中却指揮一切，操縱大權。這種無意識界，另有一種組織，叫做「意思的統系」。凡一個統系，是許許多多的意思，關于一個人或一件事，連結一氣，惹起感情上的作用。我們雖有這種統系，自己却並不知道；而我們的人格，大半是這樣造成。故若一個人意思的統系，有犯罪的傾向，他便不由自主，無意識中，在行爲上表露出來。

生物上的遺傳性，社會上的遺傳心理，生理上的狀況，與境遇（單指完全在外界的情勢說）四項，都是不能自擇的。上節所說意思的統系，亦可稱謂個人經驗的結果。但就本書立論，這兩個名詞須辨別清楚。經驗作爲意識中的現象，意思的統系，作爲早已經歷過而被驅逐到無意識界的現象。照這個定義，經驗有一部分是自擇的，有一部分是不能自擇的。至於意思的統系，一經成功，竟完全不能自主的，所賸只有理性一項，爲自擇的關鍵。但單就自擇一方面看去，理性須與這許多大敵，（除出個人經驗內可以自擇的一部分）孤身獨戰，戰勝了才能發生出眞實自擇的行爲，實在很不容易。故倫理上判斷起來，我們須將這種情形，通盤籌算一下，才合公道。譬如甲乙二人，甲的父母都是盜賊，小時候沒有見過好樣。乙的父母，都是善人，從小便教他做人之道。這二人既然境遇不同，判斷起來，對於甲自然應該原諒些；對於乙自然應該嚴重些，不能一概而論。

英國有一著名的神經病醫生何蘭得（Bernard Hollander）專門診視道德心薄弱的人，已經三十餘年，新著一書，說据他見聞所及，道德一物，大半是幼年所受教育的結果。若家庭不良，漸漸養成犯罪的傾向。遇人誘惑的時候，便完全沒有抵抗力。還有許多罪犯本來並無過惡；只因圜境狹窄，使他們天賦之才能，沒有發展的機會，澎漲起來，逼得走到罪惡一條路上，變成社會的公敵。還有許多人，平常沒有什麽犯罪的傾向，但不幸妻子頑劣，家中不睦；或意外遭經濟上的損失，困守愁城，束手無策，氣憤到極點的時候，也逼得走到罪惡一條路上。這種人可憐他還來不及，如何忍心去責罰他呢！

因爲以上種種原因，倫理上說起來，負責任一個問題，大難解決。我們通常的行爲，極爲複雜，內中究竟有幾分，應該負責？究竟有幾分，不能負責？或者永無分析的希望？但有二大原理總是不錯，可爲倫理學家的指南針：(一)應負責任的行爲，必須確經本人的理性自擇，完全沒有受過外界的壓力及完全沒有他種强迫的性質，才算公平。(二)不論何種過惡，除非真真彌天大罪，不可寬恕的，一經本人悔過自新，以後永不再犯，他道德上應負的責任，當然到此爲止。但除悔過力改之外，沒有卸責的方法。因爲道德上負責，與法律上負責不同。在法律上有時間的限止，如至今在蘇格蘭凡不成文的合同，照例只在三年內有效，但若一人長惡不悛，無論越幾千萬年，總是不能寬恕的。

道德上負責是極重要的，否則國家社會，皆將土崩瓦解，沒有治安的希望。刻下世上的禍亂，都是道德上能負責任而不肯負責任的人，故意搗亂的惡果。故現在亟應留意的；便是用科學法的眼光，分析起來，一個人的行爲，到底有幾分完全由他自擇的。

第十二章　意主自由

道德上負責與意主自由問題，有極重要的關係。有些倫理學家說：『人類的意主完全自由，脫離因果相循的定律，不受外界的束縛。譬如甲乙二人，性情習慣智識，境遇感情欲望等，一切完全相同；更處一樣的地位，不論何種動作，意料到一樣的結果，絲毫無異。但他們決定的辦法，竟可大不相同。這便是意主自由的明證。』這樣說來，意志猶一位裁判官，各種本心，猶原告被告兩方面延請的律師。裁判官高坐上首，聽各律師爭執不下，便自由判斷兩方面的是非曲直。因爲意主也是這樣自由，故善人可自由做惡事，惡人也可自由做善事。否則，我人類將與機械沒有分別。若人人都這樣，全世界的人類，將變成一副大機器，個人變成這大機器的一分子，斷沒有這個理的。這派學說，在哲學史上，通稱謂「不決定主義。」反對這派學說的，通稱謂「決定主義。」

主張不決定主義的倫理學家，又說：『我們還有兩種直接的確證，可見意主自由之真實不虛：(一)不論何種行爲，卽本人自己，不能盡知他的原因。(二)我們確知無論處何地位，只要自己打定主意，大可隨心所欲，想出對付之法。並不覺得我們的意主，受外界的束縛。』這是一種良知，不待證據而證明的。總結一句：倘意主終身不得自由，試問世人還須勞心勞力，想求進步麼？倘我們明知世上萬事，皆已預定，還要自由設法，去建功立業麼？現在人類，大多數確是盡心竭力，各自謀幸福，可見心理一方面，實在並無意主不自由的意思。

主張決定主義的一派學者，說：『這是一種良知：因爲因果相循的定律，包羅萬象，是一種自然之理：無須證明，便可見他的眞理。不決定主義消滅了因果相循之道，勢必至隨處隨時，人人都可任意擅自背法，永遠沒有什麼定例。』這樣說來，世事混亂，眞是不堪設想。至於決定主義，並不如宿命論之主張萬事都有定數，不過說世事都是連續不斷，有果必有因，有因必有果，從沒有無緣無故，猝然發生什麽意主的道理。故一個人的際遇，一部分都是他自己造成的。

平心而論，決定主義與不決定主義比較起來，決定主義確是合理些。我們有一大理由：(一)道德上負責任，不必意主自由。因爲我們判斷起來，只要查明一個人的行爲，是否直接從他的品性中來的。他的意主，若因受品性管束，而不能自由，本人仍應負責。有些倫理學家以爲道德之中心，在于意主，其實意主不過是品性的特別現象。品性乃是意主的根原，故道德上負責，只賴品性自由，而並不賴意主自由。凡各種行爲，須直接表示本人的品性，才算自擇，並不是意主獨立，不受品性節制的意思。(二)道德上負責，全賴品性不變動，繼續不斷。故單看一個人已往的行爲，可預料他將來的動作。否則德育將無從下手，即刑賞亦有何用處呢？有時候善人固也能做惡事，惡人也能做善事；但善人品性向善，平均計算，總是善多惡少。惡人

品性向惡，平均計算，總是惡多善少。一個人的品性，既有這樣大的效力，可見我們一舉一動，意主並非完全自由了

有些行爲，一部分直接表示本人的品性；一部分卻因受外界的壓力而來。就這種情形，道德上負責，當與品性自由之度量，成一正比例。

第十三章　個人自由與政府的干涉

政府往往干涉個人自由，政府的威權，究竟是從那裏來的？個人沒有什麼不合道德的行爲，爲什麼受政府的干涉？這種問題，在古希臘時代，從沒有發生過。這是因爲三大理由：(一)古希臘人以爲國家與個人合併一起，成爲一種機體，個人不過是國家的一份子。凡個人的道德，全仗國家養成，全仗國家維持。因此視國家的法律，爲道德的根原，服從法律，爲唯一的道德。(二)希臘人深信官長與人民，休戚相關，利害相同。(三)真實的自由，都是國家所創造，國家的法律，直接表示最高等的

理性。故服從法律，便享真實的自由，背違法律，便做欲望的奴隸。

這種思想，一到近代，便扞格不入，而對於國家與人民，成一機體之説，尤爲大加反對。這有許多理由，單擇其主要的有五：(一)古代希臘時候，城市的國家；一到近代，變成了國民的國家，國家之事，皆由國民公舉代表，主持一切，個人便不及古代之富於公民觀念。(二)在近代之國家，官長與人民之利害，並不完全相同；甚至有時候互相反對。(三)因受基督教之影響，個人的價值，大加增高，不肯矇矇然服從國家的威權。(四)國家之唯一手段是強力，養成德行之唯一捷徑，在于仁愛，強力與仁愛，沒有調和的方法。(五)自從各種團體，如職工同盟等，逐漸組織成功以來，國家與各團體往往互起衝突。目下的趨勢，爲在一國統治下的各團體，要求完全獨立，不受政府的干涉。

國家之威權，原是從國民自己手中取來的。試追想太古之世，國家未曾創立的時候，許多個人天然享自由平等之權利，自願各稍讓步，互結一種政治社會，以謀公共之幸福。這種概念便是國家所有威權的根原。既然如此，若個人肯承認國家的法律，根本上原是他自己的意主，強力與個人自由也沒有什麼衝突了。

据穆勒 J.S.Mill 說：『國家干涉個人自由，應有限制，這種有限的干涉，應全爲保護個人自己的利益起見。否則若他人侵犯他的權利，個人能力薄弱，無法阻止，也不好的。總而言之：個人的行爲，可分兩部分：第一部分關涉他人；第二部分，關涉自己，不及他人，國家干涉之權，只及第一部分。至於第二部分，個人應該享絕對的自由權，萬不容外界干涉。』

穆勒主張個人平權主義，有三大理由：（一）個人有個人的特性。這種特性，是社會進步的最大要素；若政府過分干涉，法律過分嚴密，其結果必至于養成許多中庸之材。個人天賦之能力，猶英雄無用武之地。（二）個人若欲謀他一己的幸福，既然不與他人相干，他自己的利害，就應該最明白。(三)政府干涉，總不是好事，因爲漸漸釀成中央集權，以致個人失去他天然之自由權。穆勒的大缺點，爲把人類的行爲，勉强分爲如前節所説的兩部分：一部分關涉個人；一部分關涉社會。不知道一個人既爲社會之一份子，他的一舉一動，沒有不關涉社會的；況且個人最後的幸福，應與社會全體的幸福，不分畛域。因爲道德愈高，個人愈少自私自利的心念。至于個人天賦之能力，一經國家干涉，便不能發展，也不盡確。單論教育一項，大半是國家設施的，甚至歐美先進國內，教育還要强迫，從此可見國家干涉，不必一定與個人的特性爲敵了。

就倫理上看去，國家的義務，可分爲消極與積極二種：就消極一方面説，應該達到三大目的：一、平日維持法律，保衛治安；二、若遇搶劫行兇等事，懲罰犯法的人；三、維持生命與工作之權利，設法使全國國民，皆有謀生的機會。就積極一方面説，便是增進國民的幸福，精神上物質上兩方面皆須注重。近世結合團體的風氣，日甚一日。故國家對于個人一方面的義務漸小，對于團體一方面的義務漸增，各團體若有互相侵奪權利等事，國家理應干涉，自不必說。

第十四章　倫理學說之一斑

（一）原知論

數學的根原，在於幾條公理。公理的真實不虛，人類本性中，自有了解的能力；非但不待證明，且亦沒法證明。小孩子等從沒有想到這種公理，固也不知道什麼，但一經了解，便從沒有什麼疑問。如二加二成四，人人知道，不解自明。這種公理，不但人類不能改變，即造物之主，也永世不能更改。現在講到倫理學，有一派思想家，從這種數學的原理入手，提倡一種原知論。大概謂是非善惡猶數學的公理，也不解自明。如對於父母尊長，應該敬重；對於一般世人，應該仁義相待，這種智識好像天經地義，永世不變，並不如個人的印象，隨處隨時而不同。故那一種行爲，是適當的；那一種行爲，是不適當的；人類本性中，皆有確切的智識，毫無疑義。這個適當的概念，便是各種責任的標準。例如以怨報德，不論何人，不待理論，自然知道是悖違公理。大不適當與二加二成五，沒有分別。這樣說來種種惡事的根原，在於思想虛僞。原知論主張人性本善，世界上的惡人，都因習慣不良；或者一時見利忘義，漸漸把本性弄壞了。至若一般有理性的人，自然覺得爲善的觀念，極爲愉快，爲惡的觀念，極爲可憎。故人性本來趨善避惡，不幸保全理性的人反占少數。有許多人，慾奢望奢，貪婪無厭。無論如何，依不足的，以致原有的理性，漸漸泯滅，實在可惜！

在歐洲十八世紀內，有許多倫理學家，主張道德全屬客觀的，真理並不是個人的印象。故是非善惡，皆有確切的定律，永世不變。若顛倒是非，指惡爲善，斷無此理。不論古今中外萬國，只有一種幾何學，也自然只有一個道德的標準，或問既是這樣，爲什麽倫理思想實際上往往隨處隨時大不同呢？這派倫理學家答稱有三大理由：(一)這種報告大半是不確的，本來不能盡信。(二)慣做惡事的人，表面上雖似無智無識，不辨是非。實則他心中，明知不合正道。(三)一般世人，爲欲望所昏迷，把道德的定律，都抛棄了，這並不是本來不知道。

這種原知論近於獨斷。天良與理性，比較起來：一是不加思慮的常識；一是思慮週到的眞理，都被這派倫理學家混在一氣，已屬不通。況且還有一大難處，若各種責任衝突起來，勢必至於無法解決。因爲個人的天良，既然看得如數學的公理；若各人各憑良心所想到他應盡的責任，孰輕孰重，沒有標準可依，自然不能定奪。案道德的原理，本成一種統系；若依原知派的學說，將胡亂變成一堆，沒有次序，沒有輕重，還成什麽道德呢。

(二)超絕論

超絶論又可稱爲唯理論。因爲主張道德的原理，爲純粹的理性，與經驗毫不相干，這就是超絶的意思。這派學者的主要領袖，便是康德，上文第七章内關於責任與德行，已經約略説及。據他的學説，道德進步，全仗理性有遏止欲望之能力。凡依理性的行爲，皆是善的；悖理性的行爲，皆是惡的。所謂道德，不過是自己服從理性發出的命令罷了。但順從理性，雖是盡善盡美，若絲毫有他種理由混合在内，道德上便没有價值。例如救濟一位遇難的朋友，理性上極爲正當，確是我們應盡的責任；但若單爲交情起見，這種行爲，便不算有德。總之：道德上的價值，在于本心，若本心是純粹出於理性，實際上雖並没有達到目的，也儘不要緊。

康德的學説，只知有超絶的理性，實際上所有種種特别情形，一切不管。道德上唯一的原理，稱謂無上大法，這是一種永遠不變的定律。「凡人不論做什麽事，須要預備他的行爲，可作爲普及的定律。」康德原書中，載有許多例證。他説：『譬如一個人，因爲連遭災難，鬱悶不樂，便想自殺。那時候須要自問，若人人都學我的樣，一見運道不佳，便自殺了，這種行爲，可爲普及的定律麼？再譬如一個人向人借錢，明知他日無力還債，因恐人家不肯借，便謊言許他，一定要還的。這種行爲，當然不能作爲普及的定律，否則若人人說謊借錢，世界上還有信任他人的人麼？』凡人做了惡事，捫心自問，總想別人不可學他，從沒有希望他的行爲，成爲普及的定律。他只想望把他個人算在例外，藉以寬恕自己的過失。這樣看來，若客觀的定律，都變成主觀的定律，世上便沒有不合道德的行爲了。

超絕論雖似十分嚴厲，不近人情，却也並不輕視快樂的價值；不過主張快樂須與德行相輔而行。康德曾說：『譬如兩個善人，一苦一樂，快樂的景況自然較好些。人類本性中，有許多欲望，他也明知不能完全遏止。但深恐志向不高，道德上終沒有進步；故崇拜理性，做個理想上的目的。』康德一片苦心，我們也明白；但他的學說，過分詆斥欲望，亦是偏見。因爲欲望不必一定與理性反對，況且人爲萬物之靈，他的欲望，雖與理性不同，大多數也是理性的萌芽，我們應該注意的！總之康德的超絕論，是過分抽象的，於實際上不能盡合。

（三）實利主義

依康德的學說，倫理判斷，與經驗沒有關係。現在講到實利主義，剛剛專門注重經驗，故這兩派，適成一對比。實利主義的根本原理爲「以最大的幸福，加之最多數的人民。」這是假定不論何事，可自由選擇。若本人不願意，總可於事前設法阻止。至於實際上，究竟是否這樣容易，姑且不必論及。現在第一個問題，便是所有自擇的行爲。凡在倫理上合正道的，有什麼共同的要點，可以尋得出麼？換句話說，有什麼特點，是各種合正道的行爲所獨有，而爲各種不合正道的行爲所從沒有的？實利主義答稱凡人類的行爲，不論是非善惡，可分定度數。如一張梯一般，頂上代表至善，底下代表至惡，中心點代表無善無惡的行爲，其餘各步，看他在梯上占什麼位置。代表各級的善惡，這個位置須先看一事的結果，全數總結起來，快樂或痛苦，共有多少分量，方能指定。案分量二字，須切實照字面解釋，凡一種行爲影響所及的各方面。如本人自己他人及其他有生命的動物，所感受的苦樂，統計起來，皆不可遺漏。若鬼學確是可信，卽已脫離軀殼的靈魂，也須包括在內。

這樣計算苦樂的分量起來，可得六種變化：一，有些快樂，並無痛苦。二，雖有些快樂，也有些痛苦；但兩相對銷，樂比苦多。三，有些痛苦並無快樂。四，雖有些快樂，也有些痛苦；但兩相對銷，苦比樂多。五，並沒有快樂，也並沒有痛苦。（這種結果，實際上有否，固極難說，但理想上總不是妄誕。）六，苦樂皆有，但分量相等，剛好抵過。這六種變化內，一與二是涉及快樂比痛苦多，三與四涉及痛苦比快樂多，五與六講苦樂的分量相等。

明白了上文所述各節，實利主義在倫理上的作用，現在可分爲四大原理，分別解釋：（一）關於不論何種自擇的行爲。若本人無論如何苦心思慮，另擇他種行爲也無法增加快樂的分量，早先選擇的行爲，便算合正道。若另擇他種行爲，可增加快樂的分量，早先選擇的行爲，便算不合正道。在倫理上凡事合正道爲是，不合正道爲非。若要明是非之道，須先查明若本人另擇他種行爲，能否增加他早先發生的快樂的分量？（二）不論何種行爲，所發生的結果，統計下來，若樂比苦多，皆是善的；若苦比樂多，皆是惡的；若苦樂相等，便算無善無惡。（三）甲乙兩種行爲，比較起來，凡合以下各條件之一，甲種較善一兩種皆善，但甲種更善些；二甲種是善的，乙種無善無惡。三甲種是善的，乙種是惡的。四甲種無善無惡，乙種是惡的。五甲乙兩種皆惡，但甲種沒有乙種這樣惡。（四）若兩種行爲，能發生快樂的分量不同，人人應盡的責任，爲擇分量較多的一種。

實利主義向來分許多支派，立論各有不同之處，極爲複雜。但本書所述的原理，爲大多數學者所公認，大概言之：主張實利主義的倫理學家，以穆勒 J. S. Mill 爲轉向點。穆勒以前，是利己的；穆勒以後，是兼愛的。穆勒以前單講快樂的分量多少；穆勒以後，注重性質的高下。如讀書之樂，與吸煙之樂，比較起來，高下不同。倫理上也因此分別判斷。

實利主義專講直接從經驗中來的苦樂。原知論注重良知超絕論注重理性。對於經驗，皆持獨立的態度。三種學說比較起來，實利主義與本書論點，最爲切近，但有一大難處，不可忽略過去。痛苦與快樂，皆純屬感情上的作用。感情一物，因爲是主觀的，同一境遇，各人不同。故倫理上判斷起來，若把感情做個標準，將弄到同一的行爲，忽善忽惡，忽是忽非，紛亂不堪設想。且竟能同一時刻，善惡是非並兼。這種結果，在論理上說起來，斷乎沒有這個道理；但就事實上看去，必定勢所不免。譬如甲乙二人，甲說：『釣魚使我快樂。』乙說：『釣魚使我不快樂。』表面上好像互相反對，實則甲乙二人，不過發表他們個人對于釣魚一事的感情。故同一件事同一時刻，依甲的感情，便是善的；依乙的感情，便是惡的。這樣說去，論理上還有什麽判斷麽？

歷來倫理學上所討論的各種道德標準，雖各自不同，可總分爲主觀的與客觀的二大類。如快樂注重主觀，責任注重客觀，是。但單注重主觀，或客觀，都近乎偏見。故若要尋出一可靠的標準，最好能從調和主觀與客觀兩方面入手。調和的第一步，先應知道幸福含什麽性質。据亞利斯多德"Eudianionia"的學說，「幸福不單是快樂，乃是使天賦的才能得完全發展的結果。」若我們把這個結果，做理想上的目的，不論判斷何種行爲，只須看他離去這個目的，有多少遠近，似無不可。但這種標準，有一缺點，這便是天賦的才能，有善有惡，傾向各自不同；縱使完全發展起來，也不一定，是個人或社會的幸福。因此我們更應查明那一種發展，確是在道德上有價值的。

凡個人發展他天賦的才能，應先將他的意志，經過一番教練訓導，變成社會的意志，使他明白社會的幸福與個人的幸福，總是互相補助，並不是互相反背。照這種情形，個人得自由發展，自己並不犧牲什麼，也不與社會抵抗。社會因個人的發展，得造成公共的幸福，個人既爲社會的一份子，全體的幸福便也是他一己的幸福。

這樣看去，上節所說倫理上主觀客觀兩方面視點不同的地方，既便可從此調和，道德的標準，當爲社會與個人的幸福，不單是社會或個人的快樂。

附編者參考用書目

1	Alexander, S.	Moral Order and Progress
2	Aristotle	Nichomachean Ethics
3	Baldwin, J. M.	Social and Ethical Interpretations
4	Bergson, H.	Time and Free Will
5	Bosanquet, B.	Philosophical Theory of the State
6	Clifford, W. K.	Essays and Lectures (Edited by Leslie Stephen and Sir Frederick Pollock)
7	Drever, James	Instinct in Man—A Contribution to Education
8	Fouillée, A.	Psychologie des Idées Forces
9	Green, T. H.	Prolegomena to Ethics
10	Hobhouse, L. T.	Metaphysical Theory of the State
11		Morals in Evolution
12	Hollander, B.	Psychology of Misconduct, Vice and Crime
13	Hume, David	Enquiry concerning Human Understanding
14	Kant, Immanuel	Kritik of Pure Reason
15	Locke, L.	Introduction to the Study of Ethics
16	McDougall, W.	Social Psychology
17	Mill, J. S.	Utilitarianism
18		On Liberty and Representative Government
19	Moore, G. E.	Ethics
20	Muirhead, J. H.	Elements of Ethics
21	Rashdall, H.	Theory of Good and Evil
22	Schneider, G. H.	Der Menschlichen Wille vom Standpunkt der Neueren Entwicklungstheorien
23	Seth, James	Ethical Principles
24	Sidgwick, H.	Methods of Ethics
25	Spencer, H.	Data of Ethics
26	Stephen, Leslie	Science of Ethics
27	Westermarck, E.	The Origin and Development of Moral Ideas
28	Wundt W.	Völkerpsychologie